深度思维

— 配套练习册 —

叶修 著

中国工信出版集团 人民邮电出版社
POSTS & TELECOM PRESS

第一章

思维逻辑链条——如何让思维变得更加深刻

逻辑链条能力的提升得益于你在生活和工作的方方面面中进行的相关练习。你可以试着完成以下练习，并从日常生活中取材，进行拓展练习。

1 请使用 5why 思考法，对你生活或工作中遇到的至少 3 个问题进行分析练习。

【例】

张三被告知，如果他下次不能令领导满意，可能被调到一个业绩较差的新分公司——why？

因为他在原有的策划岗位上没有表现出领导所希望的能力——why？

因为有好几次他的策划书与部门同事的相同，但他没有同事提交的快——why？

因为张三做事比较拖沓、保守，不够利落；因为张三和同事用的是同一种策划书模板，重合度高。

结论：如果不想被调到新分公司去，张三需要以更快的速度提交策划书或者寻找、学习使用新的策划书模板。

练习 1：

__________——why？

__________——why？

__________——why？

__________——why？

结论：

练习 2：

__________——why？

__________——why？

__________——why？

__________——why？

结论：

练习 3:

______——why？

______——why？

______——why？

______——why？

结论:

______

______

______

______

2 请使用 5so 思考法，对你生活或工作中遇到的至少 3 个问题进行分析练习。

【例】张三有可能被调到业绩较差的新分公司去——so？

新分公司里都是新人，工作经验不足，张三去了可能被视为中层骨干，受到重点培养——so？

有很大可能，新公司会在未来 2~3 年内成长起来，业绩翻倍，中层骨干可以收获比总公司基层员工更可观的薪酬——so？

被调去新分公司可能反而是一个机会。

结论：张三可以主动和领导沟通，申请调去分公司。

练习 1:

______——so？

______——so？

______——so？

______——so？

结论:

______

______

______

______

练习 2:

______——so？

______——so？

______——so？

______——so？

结论:

______

______

______

______

练习 3：

______________________——so？

______________________——so？

______________________——so？

______________________——so？

结论：

____

____

____

____

第二章

换位思维——如何知道别人在想什么

换位思维能力的提升得益于你在生活和工作的方方面面中进行的相关练习。你可以试着完成以下练习，并从日常生活中取材，进行拓展练习。

1 **选一件你经历过的比较复杂的事，思考一下这件事有哪些参与者？根据你的推测，这些参与者各自是如何思考、评价这件事的？他们的视角与你的有何不同？请至少完成 3 次练习。**

事件 1

我的想法： ______________________

____

我推测 A 对此事的想法：______________________

我推测 B 对此事的想法：______________________

我推测 C 对此事的想法：______________________

事件 2

我的想法： ______________________

____

我推测 A 对此事的想法：______________________

我推测 B 对此事的想法：______________________

我推测 C 对此事的想法：______________________

事件 3

我的想法：______________________

____

我推测 A 对此事的想法：______________________

我推测 B 对此事的想法：______________________

我推测 C 对此事的想法：______________________

2 **回忆你曾经历的会议，当时你是如何思考的，其他参与者又提出了什么想法？现在，请你使用“六项思考帽”，重新对会议主题进行思考。请至少完成 3 次练习。**

会议 1：

当时的几条主要结论：

蓝色帽子	白色帽子	黑色帽子
黄色帽子	绿色帽子	红色帽子

会议 2：

当时的几条主要结论：

蓝色帽子	白色帽子	黑色帽子
黄色帽子	绿色帽子	红色帽子

会议 3:

当时的几条主要结论：

蓝色帽子	白色帽子	黑色帽子
黄色帽子	绿色帽子	红色帽子

第三章

可视化思维——看得见的思维，才是好的思维

可视化思维能力的提升得益于你在生活和工作的方方面面中进行的相关练习。你可以试着完成以下练习，并从日常生活中取材，进行拓展练习。

1 你可以利用艾森豪威尔矩阵，对自己最近要做的事进行划分。

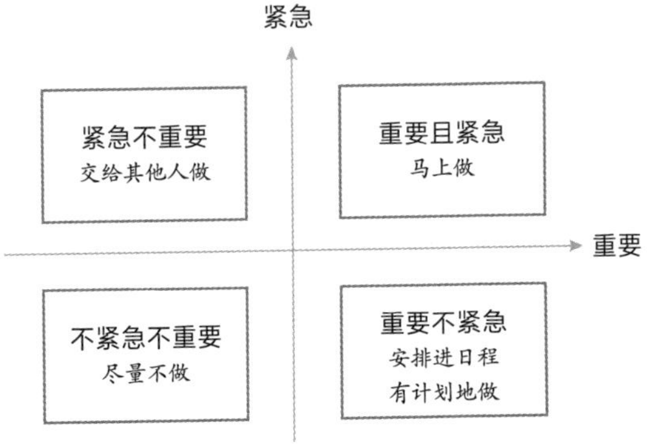

紧急
重要
紧急不重要
交给其他人做
重要且紧急
马上做
不紧急不重要
尽量不做
重要不紧急
安排进日程
有计划地做

2 你可以利用策略师时间矩阵，对自己最近要做的事进行划分。

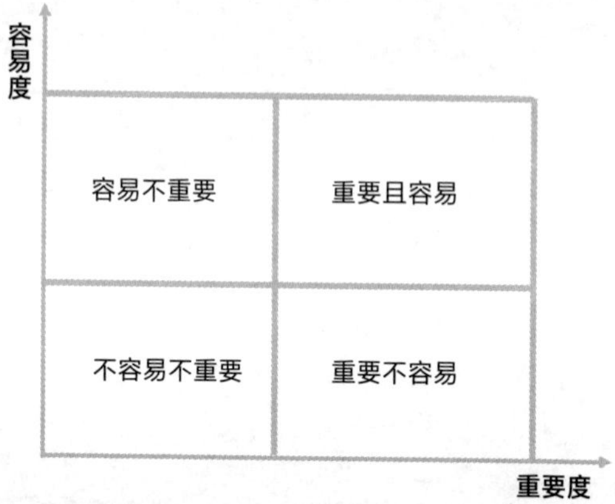
容易度
容易不重要
重要且容易
不容易不重要
重要不容易
重要度

3 你可以试着为自己做一个工作仪表盘，将其贴在自己的办公室或者书房里。

第四章

流程思维——怎样成为真实世界里的高手

流程思维能力的提升得益于你在生活和工作的方方面面中进行的相关练习。你可以试着完成以下练习，并从日常生活中取材，进行拓展练习。

1 你的日常工作或者学习主要由哪几个步骤构成？请画出至少 3 个事项的流程图（可根据事项调整步骤数量）。

事项 1 的流程：

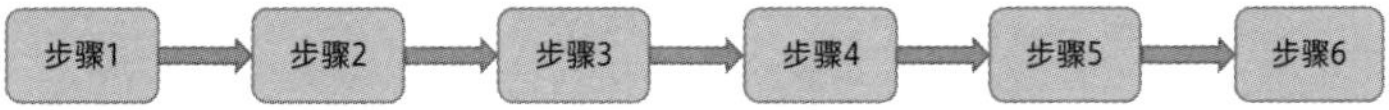
步骤1
步骤2
步骤3
步骤4
步骤5
步骤6

事项 2 的流程：

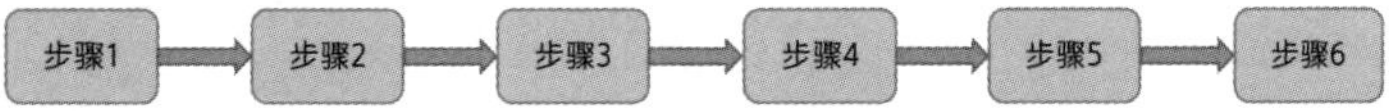
步骤1
步骤2
步骤3
步骤4
步骤5
步骤6

事项 3 的流程：

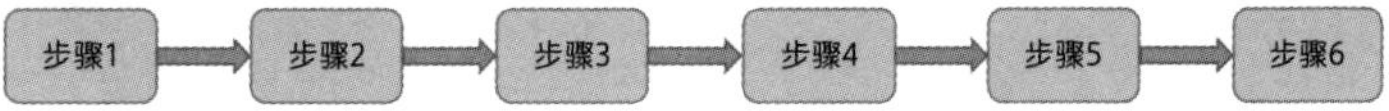
步骤1
步骤2
步骤3
步骤4
步骤5
步骤6

2 请对上述事项的流程进行分析，在同一个事项中，哪几个流程最需要优化？你准备如何优化它们？

事项 1 的流程优化：

事项 2 的流程优化：

事项 3 的流程优化：

第五章

生态思维——比个体力量更强大的生态力量

生态思维能力的提升得益于你在生活和工作的方方面面中进行的相关练习。你可以试着完成以下练习，并从日常生活中取材，进行拓展练习。

1 你是否发现了某些热门商业机会？根据淘金模型，在这些热门商业机会背后，有哪些基于淘金模型的共生型机会？请对至少 3 个热门商业机会进行分析。

热门商业机会 1：

基于该机会的共生型机会：

热门商业机会 2：

基于该机会的共生型机会：

热门商业机会 3：

基于该机会的共生型机会：

2

请按照森林模型，对自己目前的职业环境进行分析。在目前的环境下，你是狮子、狼还是兔子？你目前处于森林的核心位置、边缘位置还是荒芜位置？基于此，你准备如何规划自己的职业发展道路？

3

如果你的事业已经遇到了发展瓶颈，请按照池塘模型思考，如何将自己的竞争对手变成合作伙伴，实现共赢？你可以构建一个怎样的池塘？

第六章

系统思维——站在更高的层面解决问题

系统思维是一种难度较高的思维方法，本章练习较难，你可以选择全做，也可以选做部分或者直接跳过。

1 **你目前正面临什么样的生活或工作问题？在此问题场景中有哪些因素？这些因素相互之间是如何影响的？请就此画出一副系统动力图。请至少进行 3 次练习。**

场景 1

因素：

系统动力图：

场景 2

因素：

系统动力图：

场景 3

因素：

系统动力图：

2 在上述动力系统中，你要如何改变系统构架才能产生良好的结果？你需要做出哪些行为、规则上的变化才能改变系统构架？

场景 1

如何改变系统构架：

需要做出的变化：

场景 2

如何改变系统构架：

需要做出的变化：

场景 3

如何改变系统构架：______

需要做出的变化：______

第七章
大势思维——与天地同力的思维方式

大势思维是一种难度较高的思维方法，本章练习较难，你可以选择全做，也可以选做部分或者直接跳过。

1 **在最近几个月或者几年内，你观察到哪些科技趋势？它们可能对社会的哪些方面产生影响？请至少列出 3 个科技趋势并进行分析。**

科技趋势 1：______

影响：______

科技趋势 2：

影响：

科技趋势 3：

影响：

2 选择其中一个科技趋势，尝试结合生态思维、逻辑链条等思维方法对其进行分析。

第八章

兵法思维——如何设计自己的人生胜负手

兵法思维是一种难度较高的思维方法，本章练习较难，你可以选择全做，也可以选做部分或者直接跳过。

1 **回忆你曾经做的决策，哪些符合“先胜后战”的兵法思维，哪些不符合？这些决策后来结果如何了？请分析至少 3 条决策。**

决策 1：

____

____

是否符合：

____

结果：

____

____

决策 2：

____

____

是否符合：

____

结果：

____

____

决策 3：

是否符合：

结果：

2 你是否处于或曾经处于一种很被动的状态，在面临选择时，不论怎么选都难以获得理想的结果？请分析一下，是什么原因造成这种“致于人”的局面？当时你需要怎样操作，才能“致人而不致于人”？

第九章练习（略）